Özel sayesinde benim harika, inanılmaz, inanılmaz ve sevgi dolu bir eşi Carol! Destek ve güven bana ve bana biz çocuklar bu yana varlığını ifade ben daha benim için daha değerli.

Kelimeler ve resimler

Michael Richard Craig tarafından.

1   2

5   6

9

3   4

7   8

10

1

Aptal Yüz

İki

2

Aptal

Yüzler

Üç

3

Aptal

Yüzler

Dört

4

aptal

yüzler

Beş

5

Aptal
Yüzler

Altı

6

Aptal

Yüzler

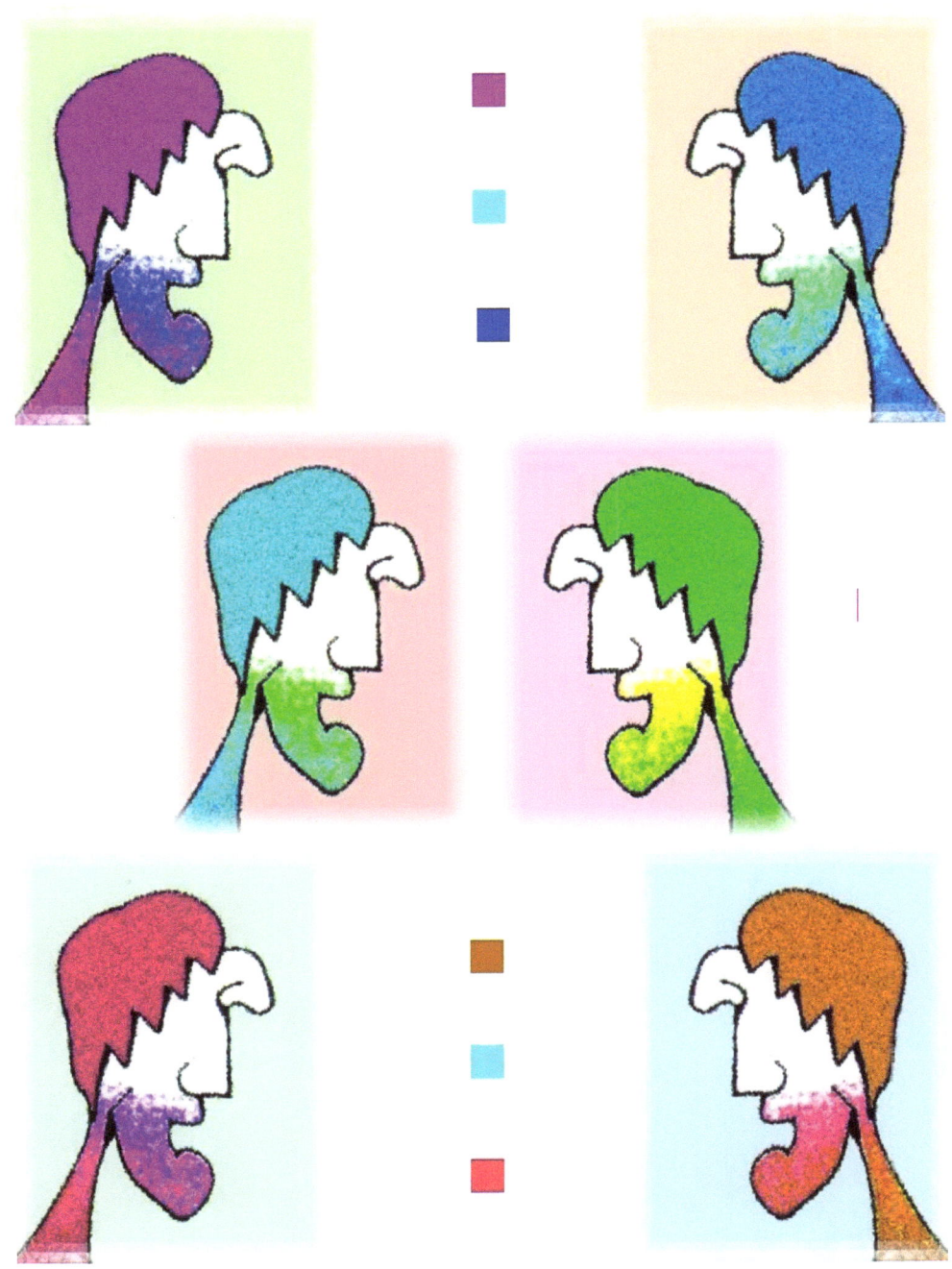

Yedi

7

Aptal

Yüzler

Sekiz

8

Aptal

yüzler

Dokuz

9

Aptal

Yüzler

10

Aptalca Yüzler

 1

 2

 3

 4

 5

 6

 7

 8

 9

 10

Son.

Güzel

iş!

Bu yüzleri koleksiyonundan
"birçok yüzler, Michael Richard Craig"
olan bu aptal yüz yüz için sayım on birim
kümesi ilkidir.

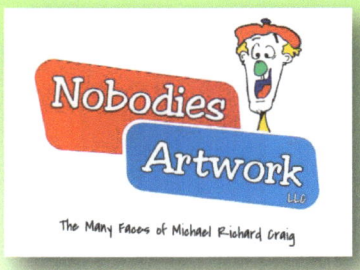

Nobodiesinc@yahoo.com

TeeGeeBeeTeeGee